RELATION

D'UN VOYAGE

FAIT

DANS LE DÉPARTEMENT DE L'ORNE,

Pour constater la réalité d'un météore observé à l'Aigle
le 6 floréal an 11.

Nord

Couvain

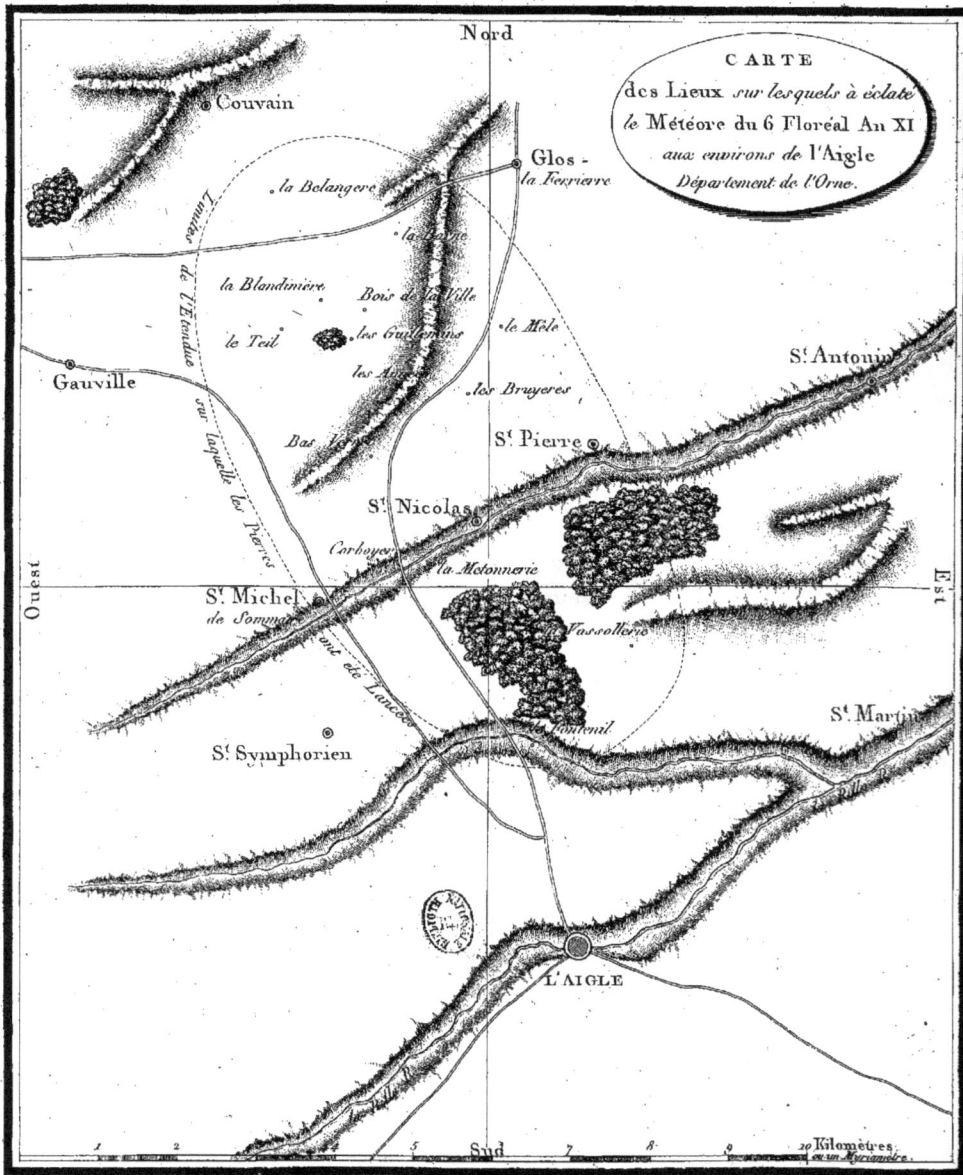

CARTE
des Lieux *sur lesquels à éclaté*
le Météore du 6 Floréal An XI
aux environs de l'Aigle
Département de l'Orne.

Glos -
la Ferrierre

la Belangere

la Blandinière

Bois de la Ville

le Teil

les Guillemins

le Môle

St Antonin

Gauville

Bas

les Bruyeres

St Pierre

St Nicolas

Corboyer

la Metonnerie

Ouest

Est

St Michel
de Somma

Vassollerie

St Martin

Fontenil

St Symphorien

L'AIGLE

1 2 5 Sud 7 8 9 10 Kilomètres
ou un Myriamètre

Gravé par E. Collin.

RELATION

D'UN VOYAGE

FAIT

DANS LE DÉPARTEMENT DE L'ORNE,

Pour constater la réalité d'un météore observé à l'Aigle
le 26 floréal an 11,

PAR J.-B. BIOT.

IMPRIMÉ PAR ORDRE DE L'INSTITUT.

~~~~~~~~~~~~~~~

PARIS.

BAUDOUIN, IMPRIMEUR DE L'INSTITUT NATIONAL.

THERMIDOR AN XI.

RELATION

D'UN VOYAGE

FAIT

DANS LE DÉPARTEMENT DE L'ORNE,

Pour constater la réalité d'un météore observé à l'Aigle
le 6 floréal an 11.

Lu à la classe des sciences mathématiques et physiques de l'Institut
national, le 29 messidor an 11.

———

Le ministre de l'Intérieur m'ayant invité à me rendre
dans le département de l'Orne pour prendre des renseignemens exacts sur le météore qui a paru aux environs de l'Aigle le 6 floréal dernier, je me suis empressé
de remplir ses intentions, et je vais rendre compte à
la classe des observations que j'ai recueillies. Je desire
que l'importance du sujet fasse excuser la multiplicité
des détails dans lesquels je vais entrer.

Depuis que l'attention des savans s'est dirigée vers
l'examen des masses minérales que l'on dit être tombées

de l'atmosphère, toutes les ressources de la critique et
de l'expérience ont été employées pour constater cet
étonnant phénomène et jeter quelque lumière sur sa
cause. En même temps que l'analyse chimique déter-
minoit les élémens de ces masses, les séparoit des produits naturels jusqu'à présent connus, et découvroit
dans leur identité parfaite la preuve, ou du moins la
grande probabilité d'une origine commune, on recueil-
loit tous les récits qui pouvoient avoir quelques rapports
au même fait; on consultoit les écrits des anciens,
dont l'autorité a été trop souvent suspectée, et que l'on
reconnoît de plus en plus pour des témoins fidèles, à
mesure que l'occasion se présente de vérifier leurs observations. Pour compléter ces recherches et achever
de faire sentir toute leur importance, des hypothèses
ingénieuses ont été imaginées, de manière à satisfaire,
d'après les lois de la physique, aux phénomènes jusqu'alors observés. Enfin les savans de toutes les classes,
de tous les pays, ont réuni leurs efforts sur cette grande
question, guidés, non par une rivalité jalouse, mais
par le noble amour de la vérité.

Sans doute ce concours unanime sera remarqué dans
l'histoire des sciences. Il offre à la fois le résultat et la
preuve de leurs progrès. C'est un grand pas de fait dans
l'étude de la nature, que de savoir examiner un phénomène dont on ne voit encore aucune explication complète, et cette sorte de courage n'appartient qu'aux
hommes les plus éclairés. Nous devons donc remercier

notre confrère Pictet, qui nous a donné le premier cet
exemple dans la question actuelle, en nous communi-
quant les recherches des chimistes anglais ; recherches
qu'une décision précipitée auroit pu faire traiter de chi-
mériques, mais qui furent discutées dans le sein de la
classe avec cet empressement réservé, par lequel on évite
également d'écarter les vérités nouvelles, et d'accueil-
lir les erreurs. Qu'importent en effet les préjugés de
ceux à qui tout manque pour se former une opinion ?
Toujours, dans les questions douteuses, l'ignorant croit,
le demi-savant décide, l'homme instruit examine : il
n'a pas la témérité de poser des bornes à la puissance
de la nature. Suivons donc avec zèle, et sans que rien
nous arrête, le phénomène qui nous occupe maintenant ;
et s'il arrive enfin, comme je l'espère, que nous réus-
sissions à le mettre hors de doute, n'oublions pas que
c'est l'envie de tout expliquer qui l'a fait rejeter si
long-temps.

De toutes les probabilités recueillies jusqu'à présent
sur la chute des masses météoriques, la plus forte résulte de l'accord qui existe entre l'identité de leur com-
position et l'identité d'origine que les témoignages leur
attribuent exclusivement. Cet accord, déja vérifié par
un grand nombre d'observations, donne à la probabilité
dont il s'agit une valeur très-approchante de la certitude, et qui n'est nullement infirmée par les objections
que l'on a tirées du peu de lumières des témoins ; car,
en raison même de ce peu de lumières, les témoignages

devroient, si le fait étoit faux, s'appliquer à des substances diverses, à des circonstances dissemblables; et
dans un sujet de cette nature, où l'intérêt particulier
n'entre pour rien, la chance du concours des témoins
est unique, tandis que celle de leur divergence est infi-
niment multipliée.

Cependant il étoit fort à desirer que le phénomène
fût une fois constaté d'une manière irrécusable, et que
toutes ses particularités fussent recueillies avec fidélité,
autant pour achever d'établir la certitude morale de son
existence, que pour connoître exactement les circonstances qui le caractérisent, et qui sont également nécessaires pour remonter, s'il est possible, jusqu'à sa cause,
ou du moins pour empêcher que l'on ne s'égare en la
cherchant.

Convaincu de cette vérité, j'ai senti que l'exactitude
et la fidélité la plus scrupuleuse pouvoient seules rendre
utile aux sciences la mission dont j'étois chargé. Je me
suis considéré comme un témoin étranger à tout sys-
tème; et, pour ne rien hasarder de ce qui pourroit ôter
quelque confiance aux faits que je vais rapporter, je me
bornerai dans ce mémoire à les exposer tels que je les
ai recueillis, et en développant les conséquences immé-
diates qui résultent de leurs rapports, je m'abstiendrai
même d'examiner en quoi elles se rapprochent ou s'écar-
tent des hypothèses que l'on a imaginées.

Avant de commencer ma recherche, je crus néces-
saire de classer méthodiquement les faits sur lesquels

je devois principalement diriger mes observations ; en
conséquence je les réunis dans le tableau suivant :

ARGUMENS . .

PHYSIQUES , tirés . .

De l'existence des pierres météoriques entre les mains des habitans du pays.
Des traces ou des débris qui auroient
été laissés ou occasionnés par le
météore.
Des circonstances minéralogiques et
géologiques du pays.

MORAUX , tirés . . .

Du témoignage des personnes qui
ont vu et entendu le météore.
Du témoignage des personnes qui
ont entendu le météore sans l'avoir
vu.
Du témoignage des personnes qui ,
étant sur les lieux , ont cherché
et recueilli des renseignemens sur
l'existence du météore et sur ses
effets.

Avant de partir, je recueillis sur ces diverses questions tous les renseignemens que je pus me procurer.
Je priai le citoyen Haüy de vouloir bien m'éclairer de
ses lumières sur ce qui concernoit la minéralogie du
pays que j'allois parcourir. Le citoyen Coquebert Mont-
bret, correspondant de la classe , me fournit les connoissances qui m'étoient nécessaires sur la géographie physique du même pays. Enfin le citoyen Fourcroy voulut
bien me donner une copie des lettres qu'il avoit reçues
de l'Aigle relativement à l'apparition du météore.

Je partis de Paris le 7 messidor, emportant avec moi

2

üne boussole, une carte de Cassini, et un échantillon
de la pierre météorique de Barbotan, qui avoit été remis
sur les lieux à notre confrère Cuvier : je me proposois
de m'en servir comme terme de comparaison, et de voir
quelle origine lui assigneroient les habitans du canton
où l'on disoit qu'il en étoit tombé de semblables.

Mais je ne me rendis pas directement dans ce lieu
même. Si l'explosion du météore avoit réellement été
aussi violente qu'on nous l'annonçoit, on devoit en
avoir entendu le bruit à une très-grande distance. Il
étoit donc conforme aux règles de la critique de prendre
d'abord des informations dans des lieux éloignés, sur ce
bruit extraordinaire, sur le jour et l'heure auxquels on
l'avoit entendu, d'en suivre la direction, et de me laisser conduire par les témoignages jusqu'à l'endroit
même où l'on disoit que le météore avoit éclaté. Je
devois rassembler ainsi, dans une grande étendue de
pays, des renseignemens comparables ; car, sur le bruit
même et les circonstances de l'explosion, les témoignages
devoient s'accorder, quelque part qu'ils fussent recueillis. D'ailleurs tous les récits relatifs aux masses
météoriques font précéder leur chute par l'apparition
d'un globe de feu. Il étoit important de savoir si le
météore de l'Aigle avoit été accompagné des mêmes circonstances, et c'étoit loin du lieu de l'explosion que je
pouvois m'en assurer.

Guidé par ces considérations je me rendis d'abord à
Alençon, chef-lieu du département de l'Orne, situé à
quinze lieues au sud-ouest de la ville de l'Aigle.

: Chemin faisant, le courier de Brest à Paris me dit que, le mardi 6 floréal dernier, à neuf lieues par-delà Alençon, entre Saint-Rieux et Pré-en-Pail, il vit dans le ciel un globe de feu qui parut, par un temps serein, du côté de Mortagne, et sembla tomber vers le nord. Quelques instans après on entendit un grand bruit semblable à celui du tonnerre ou au roulement continu d'une voiture sur le pavé. Ce bruit dura plusieurs minutes, et fut sensible, malgré celui de la chaise de poste qui rouloit alors sur la terre. L'heure étoit celle de midi trois quarts, et le courier me dit qu'il l'avoit observée aussitôt à sa montre, parce que cette vue l'avoit fort étonné. Il ajouta qu'en arrivant à Alençon il avoit raconté ce fait dans la maison où il étoit descendu; et cela m'a été confirmé depuis. Par la marche de ce globe de feu, par le bruit, et sur-tout par l'heure, je jugeai que c'étoit le commencement du météore de l'Aigle.

A Alençon on avoit entendu parler vaguement de ce phénomène, mais on n'avoit rien vu; et aucun bruit extraordinaire ne s'étoit fait remarquer : ce qui n'est pas étonnant dans une grande ville, au milieu du tumulte d'un jour de marché. Le préfet, l'ingénieur en chef des ponts et chaussées, les professeurs de l'école centrale, n'avoient aucune connoissance du météore. Mais si ces citoyens ne purent pas me donner des renseignemens directs sur cet objet, ils m'en fournirent d'autres non moins utiles, en me permettant de visiter leurs collections. Le citoyen Barthélemy, ingénieur en chef, homme aussi distingué par ses connoissances qu'estimé

dans le pays pour son caractère, s'occupe depuis cinq
ans à rassembler des échantillons de toutes les substances
minérales qui se trouvent dans le département de l'Orne,
afin d'y chercher les matériaux nécessaires à l'industrie
manufacturière ou aux constructions civiles. Dans cette
collection que j'ai parcourue, rien ne ressemble aux
masses météoriques, et le citoyen Barthélemy lui-même,
auquel je laissai un échantillon de celle qui est tombée
en 1790 à Barbotan, n'avoit jamais rien vu qui s'en
rapprochât. Je me trouvois ainsi éclairé sur un des
points les plus importans de ma mission. Je visitai pareillement la collection et les cabinets de l'école centrale, et si je n'y trouvai rien qui fût analogue à l'objet
de mes recherches, j'en rapportai du moins l'estime la
plus sentie pour le zèle, les efforts et la persévérance
des professeurs qui composent cet établissement.

Le citoyen Lamagdelaine, préfet, n'ayant pu me
donner de renseignemens par lui-même, me fournit avec
beaucoup de complaisance tous les moyens d'en obtenir
à l'Aigle et dans les divers endroits où je m'arrêterois.
Le bibliothécaire de l'école centrale, jeune homme
plein de talent et d'activité, voulut bien aussi, sur ma
demande, prendre quelques informations relativement
au météore de l'Aigle. Il ne put recueillir que de simples
récits transmis de bouche en bouche, mais qui cependant s'accordoient entre eux et avec ce que nous savions
déja. N'ayant plus rien à espérer pour l'objet de ma
mission, je quittai Alençon le 10 messidor et me mis
en route pour l'Aigle, avec un guide actif et intelli-

gent. Je me proposois de m'arrêter dans tous les endroits où je pourrois espérer des réponses à mes questions ; j'avois même le dessein de m'écarter vers les
habitations que j'apercevrois à quelque distance de la
route.

Le premier endroit habité que nous rencontrâmes est
Seez, petite ville à dix lieues au sud-ouest de l'Aigle.
On y avoit entendu le bruit du météore ; on en indiquoit précisément le jour, l'heure et les diverses circonstances. C'étoit comme un coup de tonnerre très-fort qui
sembloit partir du côté du nord, et dont le roulement,
accompagné de plusieurs explosions successives, dura
cinq ou six minutes. Des personnes qui se trouvoient
alors sur le cours crurent d'abord que c'étoit le bruit
d'une voiture roulant sur le pavé et venant d'Argentan
ou du bourg de Merleraut ; elles ne furent désabusées
qu'en ne voyant rien arriver, quoique le bruit conti-
nuât. Ces personnes furent d'autant plus étonnées que
le ciel étoit parfaitement serein, sans le moindre nuage,
et qu'on n'y remarquoit rien d'extraordinaire. On disoit
de plus que des voyageurs venant de Falaise et de Caen
avoient entendu fortement la même explosion, et qu'ils
avoient eu grande peur ; on ajoutoit qu'il avoit paru un
globe de feu du côté de Falaise, et qu'on avoit remis
au sous-préfet d'Argentan une pierre qui étoit tombée
du ciel.

Ces informations me donnoient lieu de penser que les
effets du météore s'étoient étendus sur un espace beaucoup plus considérable que nous ne l'avions imaginé.

Comme mon but étoit d'abord de circonscrire exactement cet espace, je suivis les indications que je venois
de recevoir, et me dirigeai vers Argentan.

Il y avoit déja quelque temps que nous étions sur
cette route lorsque nous rencontrâmes un homme de la
connoissance de mon guide, et qui me parut, comme
lui, très-intelligent. Cet homme, interrogé sur le phénomène dont je cherchois les traces, s'en rappela très-bien
le jour et l'heure. Il étoit occupé à écrire lorsqu'il entendit l'explosion. Sa fenêtre étant ouverte et donnant
du côté du nord, il avoit levé la tête pour savoir d'où
venoit ce bruit; mais, à son grand étonnement, il avoit
vu le ciel serein et n'avoit rien aperçu dans l'air. Il
ajouta que des gens revenus de Caen y avoient entendu
le même bruit à la même heure, mais qu'il n'étoit point
tombé de pierres de ce côté; que celle qui avoit été
remise au sous-préfet d'Argentan étoit venue d'ailleurs,
et qu'en général ce bruit lui avoit semblé partir du
nord-ouest, et s'étendre parallèlement à la route d'Argentan à Falaise.

C'étoit précisément la direction indiquée par les lettres
que nous avions reçues. Sur ces renseignemens nous re-
broussâmes chemin et reprîmes la route de l'Aigle, bien
certains de ne rien laisser en arrière.

Nous nous arrêtâmes d'abord à Nonant, village situé
à huit lieues ouest-sud-ouest de l'Aigle. Les habitans
ont très-distinctement entendu l'explosion du météore.
Elle les a fort épouvantés; ils la comparent au bruit
d'une voiture roulant sur le pavé, ou à celui d'un feu

violent dans une cheminée. Des employés aux barrières, qui étoient couchés sur le bord de la route, se relevèrent tout effrayés. Ils ne virent rien dans l'air, qui étoit serein. Il n'est point tombé de pierres dans cet endroit.

De Nonant nous allâmes au bourg de Merleraut. Chemin faisant nous rencontrâmes des bergers qui étoient dans la campagne. Je les interrogeai en leur demandant s'ils n'avoient pas eu bien peur d'un bruit extraordinaire qui s'étoit fait entendre il y avoit environ deux mois. Ils me répondirent affirmativement, m'indiquèrent exactement le jour, l'heure et la direction du bruit. Ils avoient été également surpris de voir le ciel serein. D'autres paysans que j'interrogeai sur la route me firent les mêmes rapports.

Au bourg de Merleraut, à sept lieues ouest-sud-ouest de l'Aigle, je recueille les mêmes récits ; mais le bruit de l'explosion et la frayeur qu'elle avoit produite s'étoient accrus en raison de la proximité. Des hommes, des femmes, des enfans, que j'interrogeai, s'accordèrent exactement pour le jour, l'heure et la direction du météore. Ils n'avoient rien vu dans l'air, et le ciel étoit serein. Des chevaux qui étoient dans une cour, revenant des champs, et encore attelés, sautèrent tout effrayés par-dessus une haie et s'enfuirent dans la rue : tant étoit grande la force de l'explosion, quoiqu'à une distance de plus de sept lieues. Il n'étoit point tombé de pierres dans ce bourg ; mais on avoit entendu dire qu'il en étoit tombé du côté de l'Aigle, et on me donna un échantillon d'une de ces pierres qui avoit été apporté comme

une curiosité par un roulier. C'étoit en effet un morceau
pareil à ceux que l'on nous avoit envoyés.

De Merleraut nous allâmes à Sainte-Gauburge. Sur
la route j'interrogeai une foule de paysans, tant passa-
gers que travaillant aux champs. Hommes, femmes,
enfans, tous ont entendu l'explosion le même jour et
la rapportent à la même heure, un mardi, entre midi
et deux heures.

Un petit chaudronnier de dix à douze ans, qui faisoit
route avec sa tôle et ses outils sur le dos, écoutoit une
femme du pays à qui je demandois des détails de l'explosion. Oh ! monsieur, me dit-il, on l'a entendue beaucoup plus loin ; on l'a entendue à trois lieues d'Avranches. — Vous avez donc ouï dire cela ? — Monsieur, je
le sais mieux que par ouï-dire, parce que j'y étois. — Il
y a trente-six lieues d'Avranches à l'Aigle.

Dans le village de Sainte-Gauburge, à quatre lieues
ouest-sud-ouest de l'Aigle, les habitans ont tous entendu
l'explosion le même jour et à peu près à la même heure
que par-tout ailleurs ; mais il n'est point tombé de
pierres météoriques dans cet endroit. Cependant on avoit
entendu parler de celles qui étoient tombées près de
l'Aigle, et plusieurs habitans du lieu en possédoient des
échantillons. On me conduisit à une chaumière hors du
village, où je trouvai un paysan des environs qui en
avoit une entre les mains. Je lui montrai d'abord celle
de Barbotan, et il la reconnut aussitôt pour être tombée
du ciel. Il me montra ensuite celle qu'il avoit : elle étoit
en tout semblable aux nôtres, et pouvoit peser environ

0ᵏ48 (1 livre). C'étoit sa femme qui l'avoit ramassée devant sa porte, où elle étoit tombée et s'étoit enfoncée en terre. La pierre portoit encore des traces de cette chute, et le paysan me les fit remarquer. Il paroissoit tenir à cette curiosité : je ne la lui demandai point. Il me dit qu'il étoit du village de Saint-Sommaire. J'ai reconnu depuis que c'est le canton où il en est tombé le plus.

Un vieillard qui se trouvoit là me dit qu'étant alors à travailler dans un champ près de l'Aigle, il avoit vu dans l'air un petit nuage d'où partoient des explosions qui se succédèrent pendant plusieurs minutes; il avoit entendu des pierres siffler et tomber.

De Sainte-Gauburge à l'Aigle j'interrogeai plusieurs paysans qui s'accordèrent tous avec les rapports que j'avois déjà recueillis. La nuit qui survint m'empêcha de multiplier davantage ces informations, qui d'ailleurs n'auroient pu me rien apprendre de nouveau, puisque c'étoit de l'autre côté de l'Aigle que le météore avoit éclaté. J'arrivai dans cette ville à dix heures du soir, le jour même de mon départ d'Alençon.

Je me rendis aussitôt chez notre confrère Leblond ; mais je ne pus le voir. Je sus d'ailleurs que toute la ville avoit entendu, au jour et à l'heure indiqués, un bruit effroyable. Il n'étoit point tombé de pierres à l'Aigle même, on en avoit seulement entendu parler. Des personnes qui étoient alors à Caen m'assurèrent qu'on y avoit entendu le même bruit à peu près à la même heure, et qu'on avoit vu de plus un globe de feu qui avoit causé une grande frayeur.

3

Le lendemain de mon arrivée, je me présentai chez notre confrère Leblond : je fus aussi heureux que flatté de trouver en lui les lumières d'un savant et la bienveillance d'un ami.

Le citoyen Leblond et son beau-frère le citoyen Humphroy, ancien militaire, avoient tous deux, ainsi que le reste de leur famille, entendu le bruit du météore. C'étoit comme un roulement de tonnerre qui dura sans interruption pendant environ cinq minutes, et qui étoit accompagné d'explosions fréquentes semblables à des décharges de mousqueterie. Dans le premier moment, on l'avoit pris pour le bruit d'une voiture qui passoit en roulant sur le pavé, et pour celui que produit un feu violent dans une cheminée.

En rapprochant ces récits, faits par des hommes éclairés, de ceux que nous avons recueillis dans les campagnes sur une étendue de plus de dix lieues de rayon, nous voyons qu'ils sont absolument d'accord pour le jour, l'heure et la nature de l'explosion. Nous pouvons donc, avec toute certitude, en déduire les conséquences suivantes.

Il y a eu aux environs de l'Aigle, le mardi 6 floréal an 11, vers une heure après midi, une explosion violente qui a duré pendant cinq ou six minutes, avec un roulement continuel. Cette explosion a été entendue à près de trente lieues à la ronde.

Si nous rapprochons le récit fait par le courier de Brest, relativement au globe de feu qu'il a aperçu, de ce qu'ont dit les voyageurs venus de Caen et de Falaise, et de ce que contiennent les lettres écrites de cette dernière ville le jour même de l'explosion, nous trouverons que ces récits s'accordent pour le jour, l'heure et la direction de ce météore.

J'ai su depuis, par d'autres renseignemens, que le même phénomène a été vu à peu près au même instant à Pont-Audemer et aux environs de Verneuil.

De ces témoignages réunis on peut encore déduire comme certaine cette seconde conséquence :

Le mardi 6 floréal an 11, quelques instans avant l'explosion de l'Aigle, il a paru dans l'air un globe lumineux animé d'un mouvement rapide. Ce globe n'a pas été observé à l'Aigle ; mais il l'a été de plusieurs autres villes environnantes et très-distantes les unes des autres.

J'ai pris toutes les mesures nécessaires pour avoir des renseignemens précis et multipliés des différens lieux où l'on a aperçu ce phénomène, afin d'en déduire la marche qu'il a tenue, et de le suivre, s'il est possible, dans toute l'étendue de son cours. Mais en attendant, si l'on considère le jour, l'heure auxquels il a été observé, la route qu'il a prise, et l'explosion qui a succédé à son apparition, nous en conclurons avec autant de certitude cette troisième conséquence :

L'explosion qui a eu lieu le 6 floréal aux environs de l'Aigle, a été la suite de l'apparition d'un globe enflammé qui a éclaté dans l'air.

Et il est à remarquer que ces résultats s'accordent parfaitement avec les descriptions que l'on a déjà faites des météores auxquels on attribue la chute de masses minérales.

Je viens maintenant à la question même de la chute de ces masses; et comme c'étoit là la partie la plus importante du phénomène, c'est celle aussi à laquelle j'ai donné le plus de soin, de détail et de temps.

Les premiers renseignemens que je reçus à l'Aigle sur cet objet me furent donnés par le citoyen Humphroy, et sont relatifs à une pierre pesant $8^k 56$ (17 livres $\frac{1}{2}$), que l'on dit être tombée à la Vassolerie, village situé à une lieue au nord de l'Aigle. Le citoyen Humphroy, guidé par le bruit public, étoit allé sur les lieux le jour même, d'après l'invitation de son beau-frère le citoyen Leblond. Il avoit encore vu les paysans assemblés autour du trou que la pierre avoit fait en tombant. Elle étoit déja réduite à $6^k 1$ (12 livres $\frac{1}{2}$), parce que tout le monde s'empressoit de s'en procurer des morceaux. Le citoyen Humphroy obtint facilement ce qui en restoit, et le porta à son frère, qui l'envoya de suite à Paris. J'en possède un échantillon bien caractérisé.

Le citoyen Leblond, saisissant l'importance de ce phénomène, se transporta aussitôt sur les lieux. Il vit encore les paysans assemblés; il remarqua avec eux la profondeur du trou, qui étoit de $0^m 5$ (18 à 20 pouces); il vit la terre lancée autour à plus de $4^m 86$ (15 pieds) de distance. Il retira du fond du trou trois gros silex qui paroissoient avoir empêché la pierre de pénétrer à une plus grande profondeur.

J'ai vu depuis avec lui cette trace effrayante du météore, j'ai entendu les récits des propriétaires de cette habitation; j'ai entendu les témoignages des enfans qui étoient restés dans la maison lorsque la masse tomba à vingt pas d'eux; et voici les renseignemens que j'en ai reçus.

Le père de ces enfans revenoit de l'Aigle avec sa femme et sa belle-fille; ils entendirent tout-à-coup dans l'air un bruit de tonnerre extraordinaire, accompagné d'un roulement semblable à celui d'un grand feu dans une cheminée. Il n'y avoit presque point de nuages dans l'air, si ce n'est un petit nuage noir, et quelques autres comme on en voit fréquemment; mais point d'apparence d'orage. Ce bruit sembloit partir du petit nuage, et s'éloignoit devant eux en soufflant et bourdonnant toujours. Ils étoient tous trois extrêmement effrayés. La jeune femme se trouva mal, et le père n'osoit parler. Ce bruit effrayant ne dura que quelques minutes. En arrivant chez eux ils virent tous leurs voisins assemblés, et crurent qu'il étoit arrivé quelque malheur pendant leur absence : ils s'approchèrent, et on leur montra la masse que l'on venoit de déterrer. Le père la pesa aussitôt : son poids étoit de 8ᵏ65 (17 livres ½), comme je l'ai rapporté.

Le fils, revenu des champs, me donna des détails encore plus précis : c'étoit lui et ses frères qui étoient accourus les premiers au bruit de la chute de la pierre, et qui l'avoient déterrée.

Il dînoit avec ses frères et sœurs sous un noyer qu'il me montra : tout-à-coup ils entendirent au-dessus de leur tête un bruit de tonnerre effroyable, accompagné d'un roulement si continuel qu'ils se crurent prêts à périr. Le jeune homme dit à ses frères de se coucher par terre, de peur d'être emportés. Alors ils entendirent dans le pré voisin un terrible coup, qu'ils comparent à celui d'un tonneau plein qui tomberoit de haut. Ils coururent à cet endroit, dont ils étoient séparés par une haie, et virent cette pierre, qui étoit enfoncée si profondément qu'elle avoit fait sourdre l'eau.

J'ai examiné avec notre confrère Leblond le trou d'où cette masse a été tirée. Il est situé à l'entrée d'un herbage humide, et dont le sol ne renferme assurément rien de semblable parmi ses produits naturels. Peut-on raisonnablement supposer qu'une masse aussi considérable eût existé depuis long-temps sans avoir été remarquée, dans un lieu où l'on passoit fréquemment; que tout-à-coup les enfans de la maison et les voisins se fussent réunis, par un simple hasard, pour affirmer qu'ils avoient entendu tomber dans ce même lieu quelque chose de très-lourd, avec un très-grand bruit; que toutes ces circonstances eussent coïncidé avec ce qui se passoit au même instant à deux lieues de là, et qu'enfin aucun des spectateurs ne se fût rappelé d'avoir vu précédemment cette pierre? Voilà pourtant toutes les particularités dont il faudroit supposer la réunion pour infirmer la vérité de ce témoignage.

Observons encore une circonstance très-importante. Puisque les paysans avoient sur le lieu même, et en peu

d'instans, détaché tant de fragmens de cette masse mi-
nérale, il paroît qu'elle n'avoit pas alors l'excessive
dureté que nous lui trouvons aujourd'hui. En effet,
notre confrère Leblond assure que lorsqu'elle fut portée
chez lui elle étoit encore très-facile à casser, et les petits
morceaux que l'on en séparoit s'égrenoient sous les
doitgs. Voilà assurément un fait attesté par un témoin
oculaire digne de toute confiance. La même chose m'a
été affirmée depuis dans vingt endroits différens, et par
tous ceux qui ont manié ces substances dans les premiers momens. Or un passage aussi prompt d'un état
friable à une solidité complète annonce la présence
d'une cause qui avoit récemment troublé leur aggrégation. Cela s'accorde donc avec les témoignages pour
prouver que ces masses minérales sont étrangères aux
lieux où elles se trouvoient alors, et qu'elles y avoient
été nouvellement transportées.

En revenant de la Vassolerie, je pris des renseignemens
propres à me faire connoître la route que le météore
avoit suivie, et l'étendue de pays sur laquelle il paroissoit avoir éclaté. Ces premières informations me don-
nèrent pour limites la ville de l'Aigle, d'une part, et
de l'autre cinq villages, nommés Saint-Antonin, Gloss,
Couvain, la Ferté-Fresnel et Gauville. C'étoit une étendue de trois lieues de long sur deux lieues de large, que
je me proposai de parcourir complètement le lendemain.

Je partis à six heures du matin, accompagné d'un
guide qui connoissoit bien le pays et les habitans. Nous
allâmes d'abord au château de Fontenil, où tous les

témoignages plaçoient le commencement de l'explosion.
Les maîtres étant absens, je parlai au concierge du château, qui me parut un homme sensé et digne de foi.
Il avoit entendu, comme tout le monde, plusieurs coups
violens, semblables à des coups de canon, suivis d'un
bourdonnement pareil à celui du feu dans une cheminée.
Tout-à-coup on avoit entendu sur la terre de l'enclos
qui environne le château un grand coup sourd, comme
d'un grand arbre qui tomberoit après avoir été ébranché.
Les ouvriers qui travailloient dans un bois voisin ac-
coururent à ce bruit; les bestiaux, effrayés, se préci-
pitèrent vers le lieu où s'étoit fait la chute. Un jeune
homme de quinze ans, qui travailloit à dix pas de là,
sous un hangar, dit avoir vu tomber une pierre : on
s'approcha, et on en retira une du poids de trois livres.
Elle avoit fait dans la terre un trou de dix-huit pouces
de profondeur. Le concierge l'a mesuré après avoir enlevé
la pierre avec soin, pour la déposer dans les archives
de la maison avec un récit du fait. J'ai vu le jeune
homme qui est témoin oculaire; j'ai vu aussi le trou
fait par la pierre; j'ai vu cette pierre elle-même, et
je rapporte un échantillon que l'on m'a permis d'en
séparer.

Le sol de l'enclos, que l'on nomme dans ce pays une
cour, est de terre franche, humide, et recouvert de
gazon. Au-dessous de la terre végétale on trouve des
cailloux : rien n'annonce qu'on y trouve naturellement
des substances semblables aux masses météoriques, et
tous les habitans de la maison sont bien certains de n'en
avoir jamais vu.

J'ai aussi un échantillon d'une pierre semblable, tombée dans un champ auprès du Fontenil : elle passa en sifflant par-dessus la tête du berger, à qui elle causa une grande frayeur, et tomba à vingt pas de lui. Les moutons, épouvantés par le bruit du météore, se serroient les uns contre les autres. On a depuis labouré ce champ, et on n'y a point trouvé d'autre pierre de la même nature. Ces détails m'ont été donnés au Fontenil par un témoin oculaire que l'on m'amena.

Du Fontenil j'allai au hameau de la Métonnerie, et le concierge du château que nous quittions eut la complaisance de nous accompagner jusque dans une ferme qui lui appartient. Les habitans de cette ferme ont vu le nuage au-dessus de leur tête. Leur récit sur le bruit de l'explosion est le même que par-tout. Ils virent tomber deux pierres dans leur cour, tout auprès d'eux : l'une, dont ils me montrèrent encore la place, siffloit en tombant ; elle étoit brûlante, car la terre fuma tout à l'entour. Ils n'osèrent la retirer que le lendemain, tant ils avoient peur. J'en rapporte un échantillon. L'autre étoit tombée dans une haie : on la chercha long-temps, mais on ne put la trouver.

Le sol de la Métonnerie est formé d'un peu de terre végétale recouvrant une couche de marne ; au-dessous sont des cailloux dont on se sert pour bâtir.

J'ai aussi un échantillon d'une pierre tombée près de là, dans un lieu que l'on nomme la Marcelière. Elle fut vue par un enfant qui gardoit les moutons ; elle tomba à côté de lui. Le morceau que je rapporte m'a été donné

4

par le père même de cet enfant. D'après le volume qu'il m'a désigné, cette pierre pouvoit peser environ 1ᵏ96 (3 livres) avant qu'on n'en eût rien ôté.

De la Métonnerie j'allai au village de Saint-Nicolas-de-Sommaire : je me présentai chez une dame à laquelle on avoit porté beaucoup de pierres météoriques ; elle avoit autrefois la seigneurie de ce canton. Elle me reçut avec beaucoup d'honnêteté, et me donna par elle-même et par ses gens tous les détails qui étoient parvenus à sa connoissance. Je trouvai chez elle deux curés, celui du lieu et celui d'un hameau voisin nommé Saint-Michel-de-Sommaire ; il y avoit de plus le garde forestier et une femme de confiance anciennement attachée à la maison. Toutes ces personnes, excepté le garde, sont témoins oculaires de la chute des pierres. Celui-ci revenoit alors de l'Aigle ; il a seulement vu le météore et entendu le bruit.

Le curé de Saint-Nicolas regardoit directement le nuage d'où l'explosion est partie. C'étoit un carré long, dont le plus grand côté étoit dirigé est et ouest ; il sembloit immobile, et il en sortoit un bruit continuel semblable au roulement d'un grand nombre de tambours ; puis on entendoit les pierres siffler dans l'air comme une balle qui passe, et tomber sur la terre en rendant un coup sourd. On remarquoit très-bien que le nuage décrépitoit successivement de différens côtés, et chacune de ces explosions ressembloit au bruit d'un pétard. Le curé de Saint-Nicolas a entendu tomber ces pierres, sans les voir dans leur chute ; mais le curé de Saint-Michel m'assura en avoir aperçu une qui tomba en sifflant dans la cour de son presbytère, aux pieds de sa nièce, et qui rebondît de plus d'un pied de hauteur sur le pavé. Il dit aussitôt à sa nièce de la lui apporter ; mais elle n'osa pas, et une autre femme qui se trouvoit présente la ramassa. Je ne l'ai point vue ; mais ce curé m'a assuré qu'elle étoit en tout semblable aux autres, et ces pierres, dont nous avions sous les yeux un grand nombre de morceaux, sont trop connues maintenant dans ce pays, pour que l'on puisse s'y méprendre.

La maîtresse de la maison me donna plusieurs de ces masses que l'on avoit vues tomber. J'en rapporte d'autres dont on m'a montré les trous encore récens, et qui portent les empreintes des terrains où elles sont tombées. Elles sont toutes de la même nature que celles que nous avons déjà, et à cet égard il y a autant de témoins que d'habitans. Il paroît, par les renseignemens que j'ai recueillis, qu'il est tombé dans cet endroit et dans les environs une quantité effrayante de pierres ; mais quoiqu'elles soient encore fort grosses, puisqu'elles pèsent jusqu'à o^{k}97 (2 livres), aucune d'elles n'égale celles de la Vassolerie et des environs du Fontenil : circonstance qu'il importe de remarquer.

Tout le monde s'accorde à dire que ces pierres fumoient sur la place où elles venoient de tomber. Portées dans les maisons, elles exhaloient une odeur de soufre si désagréable qu'on fut obligé de les mettre dehors. Un gros morceau que je brisai m'offrit encore très-fortement cette odeur, mais dans son intérieur seu-

lement. Dans les premiers jours., ces pierres se cassoient
très-facilement ; toutes ont depuis acquis la dureté que
nous leur connoissons. Ces changemens d'état sont autant de preuves physiques qui s'accordent pour faire
voir que ces pierres sont étrangères aux lieux où elles
se trouvoient alors, ou qu'elles y avoient été récemment
transportées.

Ici, comme à la Métonnerie, le sol est de terre
franche recouvrant une couche de marne ; toutes les
maisons sont bâties en cailloux : jamais on n'y a rien
vu de pareil aux pierres météoriques.

Remarquons que les témoignages acquièrent ici une
grande force par l'état et les qualités morales des témoins.
C'est d'abord une dame très-respectable, qui ne peut avoir
aucun intérêt d'en imposer ; ce sont deux ecclésiastiques, qui ne peuvent, sans aucun motif, avoir l'intention
d'altérer la vérité, sur-tout devant des personnes dont
l'estime et la confiance leur sont nécessaires ; enfin c'est
une femme âgée qui paroît depuis long-temps attachée
à cette maison, et qui, persuadée que ce phénomène est
un avertissement du ciel, n'auroit pas osé en dénaturer
les circonstances, sur-tout en parlant devant des personnes qu'elle est habituée à respecter. Enfin le témoignage du garde forestier est lui-même un garant de la
vérité des autres ; car je savois que cet homme n'avoit pas
été présent à la chute des pierres, et il ne s'est pas donné
non plus comme les ayant vues tomber. Seulement, son
emploi l'obligeant à parcourir les champs, il avoit eu
occasion de remarquer et de déterrer plusieurs de ces

masses, qu'il me donna, et dont il me montra les trous encore récens. Il étoit bien certain de n'avoir jamais rien vu de semblable, et l'on sait combien les gens de cet état sont observateurs.

De Saint-Nicolas-de-Sommaire j'allai, conduit par ce garde, au hameau du Bas-Vernet où il demeure, et dans lequel on disoit qu'il étoit tombé un grand nombre de pierres. Voyant le desir que j'avois d'en trouver une moi-même et de la retirer de terre, il me mena dans un petit champ qui lui appartient, et dans lequel il avoit remarqué un trou qu'il pensoit avoir été fait par une de ces pierres : il avoit attendu que la récolte fût faite pour s'en assurer ; mais nous eûmes beau chercher et creuser dans ce trou, nous ne trouvâmes rien. Si ce fut un désagrément pour moi de voir mon espérance trompée, du moins j'eus une nouvelle occasion de reconnoître la bonne-foi de mon guide.

Nous allâmes ensuite dans une ferme voisine, où nous trouvâmes une femme âgée et deux jeunes filles, qui nous déclarèrent toutes trois avoir vu tomber des pierres et en avoir eu une peur horrible : elles étoient seules en ce moment dans la maison, et s'attendoient incessamment à périr. Elles me montrèrent dans l'enclos de la ferme plusieurs trous dont elles avoient extrait des morceaux de ces pierres, et elles m'en remirent un échantillon. C'est toujours la même espèce.

Nous cherchâmes long-temps pour tâcher d'en découvrir nous-mêmes quelque reste ; mais ce fut en vain. La terre avoit été humectée depuis par les pluies, l'herbe

avoit crû , et les trous même dont on avoit extrait des
pierres s'étoient déja remplis presque entièrement. Il
étoit donc très-difficile d'en découvrir encore qui auroient échappé aux premières recherches. Nous cherchâmes sur-tout sous un arbre et dans une haie où l'on
en avoit entendu tomber entre les branches, et d'où l'on
avoit vu s'enfuir un oiseau; mais nous ne trouvâmes
rien. J'observai cependant que plusieurs branches de
l'arbre et de la haie, situées dans une direction verticale,
avoient évidemment souffert.

Après toutes ces recherches infructueuses nous allâmes dans une ferme voisine. On nous y fit encore les
mêmes récits sur l'explosion et la chute du météore. Le
fils de la maison, âgé de dix à douze ans, sa mère, et
sa sœur, âgée de quinze ou seize, étoient témoins de ces
faits. Au milieu de cet effroyable bruit, qu'ils décrivent
comme tous les autres, ils virent tomber une grosse
pierre qui cassa une branche d'un poirier : le jeune homme
courut pour la ramasser ; mais la trouvant enfoncée en
terre, il cria à sa sœur d'apporter une bêche. Celle-ci
vint; mais à peine arrivée il lui passa devant le visage
une petite pierre qui tomba à ses pieds. Alors elle n'eut
rien de plus pressé que de s'enfuir, et la pierre ne fut
ramassée que lorsque la peur se fut dissipée avec le danger. On m'a montré le poirier, et je rapporte un échantillon de la pierre qui en a cassé une des branches.

Plusieurs autres fermes environnantes m'ont fourni
les mêmes témoignages, et par-tout on a vu les mêmes
phénomènes.

Je quittai ce lieu pour me rendre au hameau du Mesle, chez un laboureur nommé Gibon, qui étoit de la connoissance de mes guides. C'est un homme de soixante-quatre ans, plein de sens et de raison ; il me reçut avec la plus grande cordialité. Lui, sa famille et ses gens, sont témoins oculaires du phénomène ; ils en décrivent exactement les circonstances comme par-tout ailleurs. Le roulement ressembloit si bien au bruit du feu dans une cheminée, qu'ils crurent que la maison brûloit, et qu'ils coururent chercher de l'eau à la mare pour l'éteindre. « Nous avons vu, me dit ce vieillard, tomber » des pierres d'en haut. Moi, qui ne suis pas peureux » et qui étois fatigué, je ne me suis pas dérangé pour » les aller chercher ; mais mes enfans y coururent et les » rapportèrent. Une d'elles tomba près de la mare, et » fit peur à une poule qui se trouvoit là ; une autre tomba » sur le faîte de la maison et roula jusqu'à terre : nous » crûmes que c'étoit notre cheminée qui tomboit ». En voyant ce respectable laboureur on ne pouvoit douter que son témoignage ne fût l'expression exacte de la vérité.

On me donna un échantillon de cette pierre ; on me montra sur le penchant de la toiture le lien de bois qui sert à retenir le chaume, et qu'elle avoit détaché. Il étoit tombé dans le clos beaucoup d'autres pierres que l'on avoit ramassées. On m'assuroit qu'il y en avoit une dans la mare et une autre dans un fossé à demi-desséché. Il falloit renoncer à la première ; nous cherchâmes l'autre, mais inutilement.

Le fils de la maison, qui m'avoit déja donné toutes celles qui lui restoient, me dit qu'il en avoit trouvé dans un champ, à un quart de lieue de là. Je lui demandai s'il avoit pareillement visité tous les champs voisins. Il me répondit qu'il ne l'avoit pas fait; et comme le lieu qu'il indiquoit se rapprochoit de Saint-Nicolas-de-Sommaire, où je savois qu'il étoit tombé un grand nombre de ces pierres, je me décidai à entreprendre encore cette recherche, espérant que du moins cette fois je serois plus heureux.

En effet, après avoir cherché environ pendant une heure, par le soleil le plus ardent, nous en découvrîmes une que je retirai moi-même de la terre où elle étoit enfouie; je la tins long-temps brûlante dans ma main, tant étoit grande la chaleur à laquelle elle étoit exposée. Elle ressemble parfaitement à toutes celles que nous avions déja.

Satisfait de cette petite découverte, j'examinai la nature du sol où nous étions et les diverses substances qui s'y trouvent. Je donnai à cet examen un temps et un soin proportionnés à son importance. C'est une terre assez légère, sur laquelle on trouve des cailloux et quelques scories de forge que l'on nomme du *laitier*. On dit que très-anciennement il y a eu dans ce lieu des forges qui ont été abandonnées. Au reste on sait combien ces scories diffèrent des pierres météoriques, et les paysans eux-mêmes n'y sont pas trompés; car, aux environs de l'Aigle, ils connoissent aujourd'hui parfaitement ces pierres, et savent très-bien les distinguer des autres, qu'ils nomment par opposition des pierres naturelles.

En revenant, mon jeune guide me montra dans les champs un berger qui passoit autrefois pour un incrédule, mais que la peur de ce terrible météore a converti.

De retour au village du Mesle, je partis aussitôt pour le bourg de Gloss. C'étoit un de ceux que mes précédentes informations m'indiquoient comme se trouvant sur la limite du météore. En effet il n'y étoit point tombé de pierres, quoiqu'on eût entendu violemment l'explosion au sud-ouest. Je sus qu'il étoit tombé quelques pierres, mais petites et en très-petit nombre, au hameau de la Belangère, situé à l'ouest de Gloss. Par ces récits et par les informations que je reçus, je me confirmai dans l'opinion qu'il n'étoit rien tombé dans les villages de Saint-Antonin et de Couvain.

D'après la course que je venois de faire et les renseignemens qu'elle m'avoit procurés, je connoissois les limites de l'explosion au sud, à l'est et au nord; il ne me restoit plus à parcourir que le côté de l'ouest, et en conséquence lorsque je partis de Gloss, qui est au nord-est de l'Aigle, je me dirigeai vers le sud-ouest.

J'allai d'abord au hameau de la Barne, dans l'habitation qui porte ce nom. Les personnes qui l'habitent avoient entendu le bruit du météore, et en avoient été fort effrayées; mais se trouvant alors dans leurs maisons, elles n'avoient pas vu de pierres tomber, et ne furent averties de ce phénomène que par leurs fermiers qui en apportèrent des morceaux qu'on venoit de trouver dans la cour. J'en reçus un échantillon.

Le maître de la maison m'accompagna jusqu'à sa

ferme, dont les gens me fournirent des témoignages
beaucoup plus forts. Non seulement ils avoient vu et
entendu le météore, mais les pierres tomboient en
sifflant autour d'eux comme la grêle. Ils coururent
à la mare, croyant que les bâtimens étoient en feu;
leur peur étoit telle qu'ils s'attendoient à périr, et ils
ne parloient encore de ce phénomène qu'avec effroi.
Toutes les pierres tombées ici sont fort petites : ces gens
en avoient tant ramassé qu'ils ont fini par les jeter dans
la basse-cour, comme n'offrant aucun intérêt. Cependant
on m'en donna encore plusieurs que l'on avoit conser-
vées. Nous cherchâmes long-temps dans les herbages
si nous pourrions en trouver encore sur la terre; mais
ce fut en vain : l'herbe étoit devenue trop haute. On
ne dit pas ici que ces pierres fussent chaudes lorsqu'on
les ramassa; ce qui tient sans doute à leur peu de
volume.

J'allai de là au hameau de Boislaville, et je me
présentai dans l'habitation qui porte ce nom. Le propriétaire, à qui je m'adressai, est un jeune homme de
vingt-huit à trente ans, qui paroît instruit et bien
né; il a servi pendant la guerre de la révolution, et
n'est par conséquent pas susceptible d'être effrayé par
un coup de tonnerre. Ces particularités donnant beaucoup de poids à son témoignage, je l'ai recueilli avec
une attention particulière, et je le rapporte fidèlement.

Le citoyen Boislaville étoit au milieu de sa cour, tête
nue; il entendit subitement comme trois ou quatre coups
de canon, suivis d'une espèce de décharge qui ressembloit

à une fusillade, après quoi il se fit comme un épouvantable roulement de tambours, accompagné de sifflemens très-forts causés par des pierres qui tomboient sur la terre. L'air étoit tranquille et le ciel serein ; seulement on observoit directement au-dessus de la cour un petit nuage noir qui paroissoit immobile, et duquel sembloit partir tout ce bruit. On ramassa sur-le-champ une grande quantité de pierres météoriques dans l'enclos qui environne la maison : elles étoient toutes extrêmement petites. Le citoyen Boislaville m'en a donné plusieurs morceaux.

La mère du citoyen Boislaville, dame âgée et très-respectable, attestoit la même chose avec les mêmes détails. Tous ses gens avoient vu les mêmes effets, et leurs récits s'accordoient entre eux. Ils avoient été extrêmement effrayés ; les animaux s'agitoient violemment, et l'on crut que le feu étoit par-tout dans la maison.

Le citoyen Boislaville avoit pris des informations pour savoir s'il étoit tombé des pierres au bourg de la Ferté-Frenel ; mais on n'en avoit pas vu, et cela s'accorde avec les rapports qui m'avoient été faits d'ailleurs.

Ici, comme à la Barne, le sol est de bonne terre franche, ainsi que celui des champs et des herbages environnans ; on n'y trouve point de cailloux, et l'on y bâtit avec de la brique. Le citoyen Boislaville est bien certain qu'on n'a jamais vu dans le pays de pierres semblables à celles qui sont tombées.

Voilà donc un témoin que son caractère moral met à l'abri des illusions de la crainte et au-dessus du soupçon d'infidélité. Son récit coïncide dans les plus petits détails avec ce que l'on rapporte par-tout aux environs. Un pareil accord pourroit-il exister, s'il n'avoit la vérité pour base ?

De Boislaville je passai à la ferme de la Blandinière, où l'on m'avoit dit qu'il étoit tombé des pierres météoriques en assez grande quantité, mais fort petites. Je ne trouvai dans la maison qu'une femme âgée qui ne pût me donner beaucoup de détails, mais qui me confirma dans ce que je savois. De là je vins au hameau du Teil, où je m'attendois à trouver très-peu de ces pierres ; en effet il n'en étoit tombé qu'un petit nombre, et de fort petites. Il étoit par cela même difficile d'en obtenir des échantillons, les habitans y tenant d'autant plus qu'elles sont plus rares. J'éprouvai une semblable difficulté, par une semblable cause, au village des Guillemins, qui est voisin du précédent ; cependant on me donna une de ces pierres qui étoit tombée devant la porte d'une maison avec plusieurs autres que l'on me montra, et qui étoient pareillement d'un très-petit volume. Je jugeai par tous ces signes que je me trouvois sur la limite occidentale de l'explosion. En effet, je m'assurai en poussant plus loin, qu'on n'a pas aperçu de pierres météoriques au-delà de cet endroit ; il n'en est point tombé au bourg de Gauville.

En reprenant ma route vers l'Aigle je m'arrêtai au château de Corboyer. Je savois qu'il étoit tombé beaucoup de pierres dans cet endroit. En effet, les ouvriers qui travailloient alors dans la cour me dirent qu'ils avoient eu une grande frayeur en les entendant siffler autour d'eux, et les voyant descendre le long des toits, comme auroit fait la grêle. Le propriétaire étoit absent; je parlai au concierge, qui me parut un homme fort intelligent. Il me confirma tous ces faits et me mena chez le maire du lieu, qui me donna un morceau d'une pierre tombée devant sa maison, et m'assura que l'on n'en avoit jamais vu de semblable dans le pays. Ici, comme dans tous les endroits que j'ai parcourus, il y a autant de témoins que d'habitans, et leurs récits sont unanimes.

Le lendemain de l'explosion le maire avoit écrit au sous-préfet d'Argentan pour lui annoncer cette épouvantable pluie de pierres; il en avoit même joint à sa lettre un échantillon, et c'étoit celle dont on m'avoit parlé à Seez. Mais, avant d'écrire à Alençon, le sous-préfet avoit cru devoir prendre des renseignemens ultérieurs, qui se trouvèrent retardés par diverses circonstances. C'est pour cela que le citoyen Lamagdelaine n'avoit aucune connoissance du fait.

Je rentrai à l'Aigle à dix heures du soir, apportant avec moi tous les échantillons que l'on m'avoit donnés, ainsi que les notes qui les accompagnoient, et que j'avois prises sur les lieux; le lendemain je m'occupai à les mettre en ordre. Quoique ces renseignemens me parussent suffire pour établir la réalité du phénomène, je ne négligeai rien pendant mon séjour à l'Aigle pour les compléter, et je cherchai avec une égale bonne-foi tout ce qui pouvoit les confirmer ou les combattre; mais, sous ce dernier rapport, je ne trouvai aucune objection plausible, sur-tout pas une seule observation, pas un seul récit fait sur les lieux qui contredît les résultats de mes informations.

Cependant je voulus employer encore un dernier moyen pour les vérifier. C'est un usage parmi les paysans des environs de se rassembler le dimanche matin sur la place de l'Aigle. J'allai, un de ces jours, au milieu d'eux, je les interrogeai, et, d'après les récits qu'ils faisoient sur le météore, je pus constamment déterminer le canton qu'ils habitoient; car ceux qui avoient vu tomber des pierres étoient en de-çà des limites que j'avois parcourues, et ceux qui n'en avoient pas vu tomber étoient en dehors. Il n'y eut point d'exception à cette règle. J'en conclus que j'avois bien circonscrit l'étendue sur laquelle le météore avoit éclaté.

Ce fut au milieu de ces groupes, où l'on n'étoit point du tout étonné de voir mettre de l'importance à ce phénoméne, que l'on m'indiqua celui de tous les paysans des environs qui paroissoit avoir couru le plus grand danger. C'est un nommé Piche, tireur de fil de fer, demeurant au village des Aunées, commune de Gloss. Lors de l'explosion il travailloit en plein air, avec plusieurs autres ouvriers : une pierre rasa le long de son bras, et tomba à ses pieds; il voulut la ramasser, mais elle étoit brûlante, et il la laissa retomber tout effrayé. Ce fait, qui m'avoit été raconté d'abord sur la place par les paysans, me fut confirmé par cet homme lorsqu'ils me l'eurent amené. Il n'avoit plus cette pierre,

qu'un intérêt bien étranger aux sciences avoit fait avi-
dement recueillir et confondre avec plusieurs autres ;
mais il me donna un morceau tombé en même temps,
au même lieu, près de lui, et sous les yeux de tous ses
compagnons.

Enfin, lorsque je me fus assuré par tous les moyens
possibles que je n'avois plus de nouvelles lumières à
acquérir ni de nouveaux renseignemens à espérer, je
partis de l'Aigle le 16 messidor, et je revins à Paris.

Si l'on rapproche, d'après les règles de la critique,
les témoignages moraux et physiques que je viens de
rapporter avec fidélité, on y trouvera une réunion de
preuves dont l'accord ne convient qu'à la vérité même.

En effet, considérons d'abord les témoignages physiques.

On n'a jamais vu, avant l'explosion du 6 floréal, de
pierres météoriques entre les mains des habitans du
pays.

Les collections minéralogiques faites avec le plus de
soin, depuis plusieurs années, pour recueillir les produits du département, ne renferment rien de semblable ;
les mémoires que possède le conseil des mines sur la
minéralogie et la géologie des environs de l'Aigle n'en
font aucune mention.

Les fonderies, les usines, les mines des environs que
j'ai visitées, n'ont rien dans leurs produits ni dans leurs
scories qui ait avec ces substances le moindre rapport.
On ne voit dans le pays aucune trace de volcan.

Tout-à-coup, et précisément depuis l'époque du

météore, on trouve ces pierres sur le sol et dans les mains des habitans du pays, qui les connoissent mieux qu'aucune autre ; elles sont si communes que l'on peut estimer le nombre de celles que l'on montre à deux ou trois mille.

Ces pierres ne se rencontrent que dans une étendue déterminée, sur des terrains étrangers aux substances qu'elles renferment, dans des lieux où il seroit impossible qu'en raison de leur volume et de leur nombre elles eussent échappé aux regards.

Les plus grosses de ces pierres, lorsqu'on les casse, exhalent encore une odeur sulfureuse très-forte dans leur intérieur; celle de leur surface a disparu, et les plus petites n'en exhalent plus qui soit sensible : en sorte que l'odeur exhalée par les plus grosses paroît aussi de nature à disparoître avec le temps.

Ce sont là autant de preuves physiques qui attestent que les pierres météoriques des environs de l'Aigle sont étrangères aux lieux où elles ont été trouvées; qu'elles y ont été transportées récemment, depuis l'époque de l'explosion, et par une cause qui a modifié les principes qu'elles renferment.

Maintenant, si l'on consulte les témoignages moraux, que trouve-t-on ? Vingt hameaux dispersés sur une étendue de plus de deux lieues carrées, dont presque tous les habitans se donnent pour témoins oculaires et attestent qu'une épouvantable pluie de pierres a été lancée par le météore. Dans le nombre se trouvent des hommes faits, des femmes, des enfans, des vieillards; ce sont des paysans simples et grossiers, qui demeurent à une grande distance les uns des autres ; des laboureurs pleins de sens et de raison ; des ecclésiastiques respectables, des jeunes gens qui, ayant été militaires, sont à l'abri des illusions de la peur : toutes ces personnes, de professions, de mœurs, d'opinions si différentes, n'ayant que peu ou point de relations entre elles, sont tout-à-coup d'accord pour attester un même fait qu'elles n'ont aucun intérêt à supposer ; elles le rapportent toutes au même jour, à la même heure, au même instant, avec les mêmes circonstances, avec les mêmes comparaisons ; et ce fait, si universellement, si fortement attesté, n'est qu'une conséquence des preuves physiques rassemblées précédemment, c'est qu'il est tombé dans le pays des pierres d'une nature particulière à la suite de l'explosion du 6 floréal.

Bien plus, on montre encore des traces des débris, qui attestent matériellement la chute de ces masses, dont on ne parle qu'avec effroi. On dit les avoir vues descendre le long des toits, casser des branches d'arbres, rejaillir en tombant sur le pavé ; on dit qu'on a vu la terre fumer autour des plus grosses, et qu'on les a tenues brûlantes dans les mains. Ces récits ne se font, ces traces ne se montrent que dans une étendue de terrain déterminée. C'est là seulement, qu'il est possible de trouver encore quelques pierres météoriques ; on n'en connoît pas un seul morceau qui ait été trouvé sur le terrain hors de cet arrondissement, et il n'y a pas un seul

6

témoin qui prétende avoir vu tomber des pierres ailleurs.

Enfin une troisième espèce de preuve résulte de certaines particularités physiques unanimement racontées par les habitans du pays, qui sont trop peu éclairés pour en avoir prévu les conséquences : je veux parler des changemens successifs observés dans la dureté de ces pierres et dans l'odeur qu'elles exhaloient ; changemens qui, au rapport des témoins, parmi lesquels il faut compter notre confrère Leblond, se sont opérés dans l'espace de quelques jours après l'explosion du météore ; changemens dont j'ai moi-même observé très-sensiblement les traces en cassant des morceaux de dimensions différentes ; et ce nouveau rapprochement des témoignages et des faits ne sert qu'à montrer entre eux un nouvel accord.

Ainsi toutes les preuves, soit physiques, soit morales, qu'il a été possible de recueillir, se concentrent et convergent pour ainsi dire vers un point unique ; et si l'on considère la manière dont nous avons été conduits, par la comparaison des témoignages, au lieu de l'explosion, le nombre des renseignemens pris sur les lieux, et leur accord avec ceux qui avoient été recueillis à dix lieues de là ; la multitude des témoins, leur caractère moral, la ressemblance de leurs récits et leur coïncidence parfaite, de quelque part qu'ils soient venus, sans qu'il ait été possible de découvrir à cet égard une seule exception ; on en conclura sans le moindre doute que le fait sur lequel ces preuves se réunissent est réellement arrivé, et qu'*il est tombé des pierres aux environs de l'Aigle le 6 floréal an* 11.

Alors l'ensemble des témoignages donnera de ce phénomène la description suivante.

Le mardi 6 floréal an 11, vers une heure après midi,
le temps étant serein, on aperçut de Caen, de Pont-
Audemer et des environs d'Alençon, de Falaise et de
Verneuil, un globe enflammé, d'un éclat très-brillant,
et qui se mouvoit dans l'atmosphère avec beaucoup de
rapidité.

Quelques instans après on entendit à l'Aigle et autour
de cette ville, dans un arrondissement de plus de trente
lieues de rayon, une explosion violente qui dura cinq
ou six minutes.

Ce furent d'abord trois ou quatre coups semblables
à des coups de canon, suivis d'une espèce de décharge
qui ressembloit à une fusillade ; après quoi on entendit
comme un épouvantable roulement de tambours. L'air
étoit tranquille et le ciel serein, à l'exception de quelques nuages, comme on en voit fréquemment.

Ce bruit partoit d'un petit nuage qui avoit la forme
d'un rectangle, et dont le plus grand côté étoit dirigé
est-ouest. Il parut immobile pendant tout le temps que
dura le phénomène ; seulement les vapeurs qui le com-
posoient s'écartoient momentanément de différens côtés
par l'effet des explosions successives. Ce nuage se trouva
à peu près à une demi-lieue au nord-nord-ouest de la ville
de l'Aigle : il étoit très-élevé dans l'atmosphère ; car les
habitans de la Vassolerie et de Boislaville, hameaux
situés à plus d'une lieue de distance l'un de l'autre,

l'observèrent en même temps au-dessus de leurs têtes.
Dans tout le canton sur lequel ce nuage planoit on entendit des sifflemens semblables à ceux d'une pierre lancée par une fronde, et l'on vit en même temps tomber
une multitude de masses solides exactement semblables
à celles que l'on a désignées sous le nom de pierres météoriques.

L'arrondissement dans lequel ces masses ont été lancées a pour limites le château du Fontenil, le hameau
de la Vassolérie et les villages de Saint-Pierre-de-Som-
maire, Gloss, Couvain, Gauville et Saint-Michel-de-
Sommaire.

C'est une étendue elliptique d'environ deux lieues et
demie de long sur à peu près une de large, la plus grande
dimension étant dirigée du sud-est au nord-ouest, par
une déclinaison d'environ 22° : c'est la direction actuelle
du méridien magnétique à l'Aigle.

On peut tirer de-là quelques lumières sur la direction
du météore. En effet, s'il eût éclaté en un seul instant,
les pierres eussent été lancées sur une étendue à peu
près circulaire ; mais la durée du bruit annonce une suite
d'explosions successives qui ont dû répandre des pierres
sur une étendue allongée dans le sens suivant lequel le
météore marchoit. Cet allongement indique donc la direction horizontale du météore ; et en rapprochant ce
résultat des témoignages qui font tomber le globe de feu
du côté du nord, on en conclura, avec une grande apparence de certitude, que le météore marchoit du sud-est
au nord-ouest, par une déclinaison d'environ 22°.

Si les observations faites sur la durée du bruit pouvoient être regardées comme exactes, on en déduiroit la
vitesse horizontale du météore d'après l'ellipticité de
l'étendue dans laquelle les pierres ont été lancées ; mais
je ne sache pas qu'il ait été fait sur ce point aucune
observation précise, et à cet égard on ne peut compter
que sur l'exactitude des instrumens, parce que l'étonnement porte toujours à augmenter la durée d'un phénomène dont la continuité nous cause quelque surprise.
On peut seulement présumer d'après ces données que la
vitesse horizontale du météore lorsqu'il a éclaté étoit peu
considérable, et c'est probablement pour cela qu'on le
croyoit tout-à-fait immobile. Cela n'empêche pas d'ailleurs qu'il ne pût avoir une très-grande vitesse dans le
sens vertical, puisque la vitesse horizontale est la seule
que ce genre d'observations puisse faire connoître.

Les plus grosses pierres sont tombées à l'extrémité
sud-est du grand axe de l'ellipse, du côté du Fontenil
et de la Vassolerie ; les plus petites sont tombées à l'autre
extrémité, et les moyennes entre ces deux points. D'après
ces considérations précédemment rapportées, les plus
grosses paroîtroient être tombées les premières.

La plus grosse de toutes celles que l'on a trouvées
pesoit 8ᵏ5 (17 livres $\frac{1}{2}$), au moment où elle tomba ;
la plus petite que j'aie vue et que j'ai rapportée avec
moi, ne pèse que 7 ou 8 grammes (environ 2 gros) ;
cette dernière est donc environ mille fois plus petite
que la précédente. Le nombre de toutes celles qui
sont tombées peut être évalué à deux ou trois mille.

Les échantillons de pierres météoriques, dont il a été question dans ce mémoire, sont déposés au Muséum d'histoire naturelle. Le citoyen Thénard a bien voulu en analyser quelques-uns, et il a trouvé :

Silice	46
Fer oxidé	45
Magnésie	10
Nickel	2
Soufre, environ	5
	108

D'où il faut retrancher la quantité d'oxigène qui s'est unie au métal pendant l'opération. Les divers morceaux que l'on a essayés comparativement n'ont point offert de différences appréciables, quoique choisis parmi ceux que leur aspect ou le lieu de leur chute sembloient devoir distinguer le plus les uns des autres.

On voit, par cette analyse, que les pierres tombées aux environs de l'Aigle sont composées des mêmes principes que les masses météoriques jusqu'à présent connues ; elles contiennent seulement un peu moins de magnésie, et un peu plus de fer.

Ces résultats sont tout-à-fait d'accord avec ceux que le citoyen Vauquelin avoit déja obtenus en analysant les premiers échantillons envoyés de l'Aigle au citoyen Fourcroy.

Au reste, quelle que soit l'origine de ces pierres, on ne doit pas s'étonner de trouver quelques différences dans les rapports des substances qui les composent, puisqu'elles sont unies par une simple aggrégation, et non par une combinaison intime.

Je me suis borné dans cette relation à un simple exposé des faits ; j'ai tâché de les voir comme tout autre les auroit vus, et j'ai mis tous mes soins à les présenter avec exactitude. Je laisse à la sagacité des physiciens les nombreuses conséquences que l'on en peut déduire, et je m'estimerai heureux s'ils trouvent que j'ai réussi à mettre hors de doute un des plus étonnans phénomènes que les hommes aient jamais observés.

www.ingramcontent.com/pod-product-compliance
Lightning Source LLC
Chambersburg PA
CBHW071411200326
41520CB00014B/3384